Ursel Scheffler

Mathefälle für die 4. Klasse

**Illustriert von Johann Brandstetter
und Hannes Gerber**

Hase und Igel®

Hallo, liebe Detektive,

dieses Mal bin ich in einen äußerst sportlichen Fall geraten. Wie es dazu kam? Nun, mein Neffe Martin hat mich überredet, mal etwas für meine Gesundheit zu tun und in ein Fitnessstudio zu gehen. Auf dem Laufband bin ich dann buchstäblich in diesen Fall gerannt!

Und dann stellte sich bei einem Fußballspiel im Berliner Olympiastadion auch noch heraus, dass es eine enge Verbindung zwischen einem aktuellen Dopingfall in Hamburg und einem Bestechungs- und Wettskandal in Berlin gibt.

Diesmal sind nicht nur Schnelldenker und Blitzmerker, sondern auch Rechenkünstler gefragt. In der Welt des Sports begegnen einem jede Menge große Zahlen und ich rechne stark mit eurer Unterstützung: Wie viele Menschen passen in ein Fußballstadion? Wie berechnet man den Gewinn einer Sportwette? Wie viel kostet ein Fußball-Sammelalbum?

Alles kein Problem, denn ihr wisst ja: Mit Kugelblitz kann jeder rechnen – und mit euch bestimmt auch! Also: Begleitet Martin und mich nach Berlin, Freunde! Ein spannender Fall wartet auf uns …

Euer Isidor

Für Lehrkräfte gibt es zu diesem Buch ausführliches Begleitmaterial beim Hase und Igel Verlag.

Originalausgabe

© 2008 Hase und Igel Verlag, Garching b. München
www.hase-und-igel.de
Die Schreibweise folgt den Regeln der neuen Rechtschreibung.
Lektorat: Monika Burger
Druck: CPI – Ebner & Spiegel, Ulm

ISBN 978-3-86760-072-9
1. Auflage 2008

1. Das Drachenbootrennen

„Nicht so schnell! Wir trainieren doch nicht für Olympia!", stöhnt Kommissar Kugelblitz und wischt sich den Schweiß von der Stirn. Es ist ein heißer Augusttag und sein Neffe Martin hetzt ihn gerade in einem Ruderboot quer über Hamburgs Binnenalster.

„Hier hab ich den besten Blickwinkel für die Kamera", meint Martin zufrieden, als er das Boot schließlich am Westufer festbindet. Er will für die Schulzeitung Fotos vom Drachenbootrennen machen.

„Sport ist Mord!", schnauft Kugelblitz nach einem Schluck Mineralwasser.

„Du solltest mehr trainieren, Onkel Isidor. Wenn du einen Verbrecher mit dem Boot verfolgen musst, was dann?", grinst Martin.

„Ich treibe doch jeden Tag Sport: Denksport!", protestiert Kugelblitz.

„Davon wird man nicht unbedingt fit und schlank", erwidert Martin und knufft seinen Lieblingsonkel in den Kugelbauch.

1. Das Drachenbootrennen

1. Das Drachenbootrennen

„Lausejunge!", brummt Kugelblitz und boxt zurück.

Da ertönt auch schon der Startschuss für das erste Wettrennen. Die langen, schlanken Boote mit den wunderschönen Drachenköpfen nähern sich. Vorne im Boot sitzt jeweils der Trommler, hinten steht der Steuermann. Die 20 Mann starke Besatzung an den Stechpaddeln gibt im Takt der Trommel ihr Bestes. Die Rennstrecke ist nur 250 Meter lang. Im Nu sind die Boote vorbeigezischt.

„Achtung! Als Nächstes kommen die Schülermannschaften!", ruft Martin und zückt die Kamera. „Das Boot *Chaospiraten* ist von meiner Schule. Da sind sie schon!"

Ein bisschen neidisch sieht Kugelblitz auf die Regattaboote, die jetzt vor ihnen scheinbar federleicht über das spiegelglatte Wasser gleiten. Und er hat sich vorhin so plagen müssen ...

1. Das Drachenbootrennen

Die *Chaospiraten* fahren allerdings weit abgeschlagen als Letzte durchs Ziel. Martin ist unheimlich enttäuscht.

Auf der elektronischen Anzeigetafel neben dem Bootshaus stehen die Namen der Mannschaften nach Startnummern geordnet. Daneben leuchten jetzt die Laufzeiten auf:

1. Das Drachenbootrennen

```
1. PIRANHAS . . . . . . . . 1:06
2. CHAOSPIRATEN . . . . . . 2:11
3. WEDELER DRACHEN . . . . . 1:14
4. WASSERREITER . . . . . . 1:12
5. PADDELFIX . . . . . . . . 1:00
```

„Mann! Warum war unser Boot plötzlich so schlecht? Gestern im Training sind wir die besten Zeiten gefahren. Da kann etwas nicht stimmen", grübelt Martin. „Lass uns schnell hinrudern, Onkel Isidor!"

„Wir hatten Wasser im Boot", erklärt der Trommler der *Chaospiraten* finster auf Martins Frage. „Ich versteh das nicht. Gestern Abend beim Probelauf war das Boot noch in Ordnung. Wir hatten die beste Trainingszeit!"

1. Das Drachenbootrennen

Als das Boot aus dem Wasser auf den Transportwagen gehoben wird, sieht sich Kugelblitz den Rumpf genau an. Er entdeckt drei kleine, kreisrunde Löcher.

„Da hat einer gebohrt", sagt Kugelblitz zu Martin. „Und die Bohrlöcher sind frisch. Vermutlich Bohrergröße 8. Wo waren die Boote über Nacht?"

„Fragen wir den Bootswart", meint Martin.

Der Bootswart gibt bereitwillig Auskunft: „Alle Boote waren über Nacht im Schuppen des Ruderclubs eingeschlossen. Und

1. Das Drachenbootrennen

für den gibt es nur drei Schlüssel: Einen habe ich, einen der Rennleiter und einer hängt im Kassenraum neben dem Getränkeautomaten. Das Tor war heute Morgen ordnungsgemäß abgeschlossen."

Das bestätigt auch Elvis, der Steuermann der *Chaospiraten:* „Wir waren gestern Abend die Letzten und heute Morgen die Ersten im Ruderclub. Nach dem Training haben wir mit dem Steuermann der *Piranhas* und dem Trommler von *Paddelfix* noch eine Cola getrunken und uns den Sonnenuntergang angesehen."

„Könnte es sein, dass einer der beiden euer Boot mutwillig beschädigt hat?", überlegt Kugelblitz.

„Das kann ich mir nicht vorstellen. Nie im Leben", antwortet Elvis.

„Trotzdem würde ich die beiden gern sprechen", verlangt KK, nachdem er im Bootsschuppen war: Unter dem Gestell,

1. Das Drachenbootrennen

auf dem das Boot gelegen hat, liegt Sägemehl. Sein Verdacht ist also richtig: Das Boot wurde mutwillig beschädigt!

„Na, ihr hattet heute nicht euren besten Tag", meint der Trommler der Siegermannschaft, nachdem Chaospirat Elvis ihm gratuliert hat.
Jetzt kommt auch der Steuermann der *Piranhas* dazu. „Pech gehabt, was, Sportsfreund?", sagt er zu Elvis und klopft ihm bedauernd auf die Schulter. Dann wendet

12

1. Das Drachenbootrennen

er sich an Kugelblitz: „Sie wollten mich sprechen?"

„So ist es. Jemand hat sich gestern, ehe der Schuppen abgeschlossen wurde, am Boot der *Chaospiraten* zu schaffen gemacht. Das Boot hat ein Leck. Habt ihr gestern Abend etwas Verdächtiges bemerkt?"

„Alles war ganz normal", berichtet der Trommler. „Wir haben uns zusammen den Sonnenuntergang angesehen. Ich hab Cola geholt für alle. Die leeren Dosen müssten noch neben dem Automaten im Mülleimer liegen."

„Außer uns war gestern Abend keiner mehr da. Sie verdächtigen doch nicht etwa uns?", sagt der Steuermann der *Piranhas*. Seine Miene verfinstert sich.

„Ich käme nie auf die Idee, das Boot eines Konkurrenten anzubohren", versichert der Trommler von *Paddelfix*. „Wir sind doch faire Sportler."

1. Das Drachenbootrennen

„Es ist mir ein Rätsel, wie das passieren konnte", grübelt der Bootswart.
„Ich denke, ich weiß, wer der Täter ist", murmelt Kugelblitz nachdenklich, als er mit Martin den Bootssteg entlangläuft. Und tatsächlich findet er wenig später mithilfe des Bootswarts in der Sporttasche des Verdächtigen eine Akkubohrmaschine. Der Bohrer der Größe 8 steckt noch darin, Holzspäne liegen daneben. Das ist Beweis genug. Das Team des Täters wird disqualifiziert.

1. Das Drachenbootrennen

Und jetzt die Fragen an alle Detektive, die sich auch von einem faulen Trick nicht täuschen lassen:
- Zu welcher Mannschaft gehört der Täter?
- Wie hat Kugelblitz den Täter überführt?
- Welches Boot ist jetzt der Sieger?

Eine Aufgabe für schnelle Rechner:
- Wie viele Sekunden liegen die *Chaospiraten* hinter den *Wedeler Drachen*?

Noch eine Scherzfrage für besonders schlaue Detektive:
- An welcher Stelle befindet sich dein Drachenboot im Rennen, wenn du das zweite Boot überholt hast?

2. Im Fitnessstudio *Herkules*

Ein paar Tage später klingelt Kugelblitz'
Telefon. Es ist sein Neffe Martin.
„Hast du nicht Lust, einmal in mein
Fitnessstudio mitzukommen?", fragt Martin.
„Äh, wie bitte? In *dein* Fitnessstudio?",
erkundigt sich Kugelblitz.
„Mein Baketballtrainer
hat mir einen Job im
Fitnessstudio
Herkules besorgt.
Ich mixe die Ge-
tränke an der
Saftbar und
erkläre den
neuen Kunden
die Sportgeräte. Dafür darf ich dort umsonst
trainieren. Ich hab gefragt, ich kann dich
mal zu einer Probestunde mitbringen."
   „Du bist verrückt. Diese blöden Maschi-
nen. Das ist nichts für mich!", wehrt Kugelblitz entsetzt ab.

2. Im Fitnessstudio *Herkules*

Doch Martin ist hartnäckig: „Das kannst du doch noch gar nicht wissen. Probier es doch erst mal aus. Deine Kondition ist nicht die beste! Das hast du letzten Sonntag doch selbst zugegeben."

„Frecher Bengel", brummt Kugelblitz.

Martin lässt nicht locker und so kommt es, dass Kugelblitz am folgenden Montagmorgen noch vor seinem Dienst mit Trainingsanzug und Sporttasche in Richtung Fitnessstudio *Herkules* strebt. Sein Neffe erwartet ihn schon und auch Trainer Jerry ist informiert.

„Sie wollen Ihre Kondition verbessern und dabei ein bisschen abnehmen? Zehn Kilo? Das kriegen wir hin", sagt der muskulöse Trainer, der ein bisschen wie James Bond aussieht. „Wenn Sie sich genau an meine Anweisungen halten. Wetten?"

„Ich wette grundsätzlich nicht", knurrt KK.

2. Im Fitnessstudio *Herkules*

Wenig später trabt Kugelblitz auf dem Laufband wie ein Hamster im Laufrad. Er schnauft und schwitzt. Neidisch wandert sein Blick zu dem jungen Mann auf dem Band neben ihm, der leichtfüßig wie ein Reh vor sich hin sprintet. Er ist etwa 25 Jahre alt und sein Kopf ist so glatt wie eine Billardkugel. Am Hals baumelt ein Silberkettchen mit einem springenden Puma. Und auch auf seinem linken Handgelenk oberhalb der Uhr ist ein kleiner Puma eintätowiert.

Kugelblitz ist es gewohnt, auf Kleinigkeiten zu achten. Das bringt sein Beruf als Detektiv mit sich.

Leider scheint Sport den Haarwuchs nicht zu fördern. Der Typ hat ja noch weniger Haare auf dem Kopf als ich, denkt Kugelblitz und trottet tapfer weiter vor sich hin.

„Und jetzt zwanzig Minuten aufs Trimmrad", rät ihm Trainer Jerry.

2. Im Fitnessstudio *Herkules*

2. Im Fitnessstudio *Herkules*

„Das ist schon besser. Da kann man wenigstens sitzen!", murmelt Kugelblitz und strampelt los.

Nach etwa zehn Minuten klingelt in der Joggingjacke sein Handy. Es ist sein Assistent, Polizeiobermeister Fritz Pommes. „Wo sind Sie, Chef?", will Pommes wissen.

„Auf zwei Rädern unterwegs", schnauft Kugelblitz. „Ich radle die *Tour de France* durch die Pyrenäen. Ganz ohne Doping! Es geht gerade steil bergauf. Was gibt's?"

„Apropos Doping – das trifft sich gut! Wir haben Neuigkeiten im Fall Dr. Kabuse. Wir sind bei der angegebenen Adresse fündig geworden."

„Herzlichen Glückwunsch, Pommes. Dann haben wir ja diesmal auf das richtige Pferd gesetzt. Ich komme gleich, dann reden wir über alles."

„Sind Sie etwa an Pferdewetten interessiert?", erkundigt sich der Mann mit dem

2. Im Fitnessstudio *Herkules*

Puma, der offensichtlich das Telefongespräch mitgehört hat. Er stemmt dabei direkt neben Kugelblitz kiloschwere Eisenhanteln als seien es Hühnerfedern.

Kugelblitz schüttelt energisch den Kopf und brummt: „Ich wette grundsätzlich nicht!" Und dann strampelt er weiter vor sich hin.

Die junge Dame vom Empfang kommt. Sie gibt dem Puma-Mann einen Zettel und sagt: „Anruf von Molli und Eule, Chef. Sie übernehmen den Job in Berlin. Sie bitten um genaue Anweisungen. Das ist ihre neue Handynummer."

„Auf die beiden Profis kann man sich eben verlassen", murmelt der Puma-Mann zufrieden und lässt die Hanteln auf die Matte plumpsen. „Hat Eufemio angerufen?"

„Nein, aber eine SMS geschickt. Die Ware kommt am nächsten Montag mit Kurier an die übliche Adresse."

2. Im Fitnessstudio *Herkules*

Der Puma-Mann nickt zufrieden. Dann schnappt er sich sein Handtuch, lächelt Kugelblitz gönnerhaft zu und geht zur Saftbar. Er greift nach einer Flasche Powerdrink und öffnet den Verschluss.

„Bring unseren Kunden auch etwas zu trinken. Vor allem dem Neuen am Trimmrad. Er plagt sich sehr", sagt er grinsend zu Martin und deutet auf Kugelblitz. „Das gehört zum Service."

Martin mixt in einer großen Kanne ein Fitnessgetränk aus Orangensaft und Mineralwasser. Dann füllt er den Drink in Gläser und stellt sie auf ein Tablett, um sie den Kunden an die Geräte zu bringen.

„Ein Sportler muss viel trinken. Du solltest auch ein

2. Im Fitnessstudio *Herkules*

Glas nehmen. Es sind wichtige Mineralstoffe und Vitamine drin", empfiehlt Martin seinem Onkel, als er ihm den Fitnessdrink zum Trimmrad bringt.

„Ist das da drüben euer Chef?", erkundigt sich Kugelblitz leise, während er die Stärkung zu sich nimmt.

„Ja, das ist Herr Kules. Genauer: Harry Kules. Sein Name steht dort an der Eingangstür. Er ist selten hier."

„Herr Kules – Herkules, sehr witzig", murmelt Kugelblitz. Ob das sein richtiger Name ist?

Er stellt das leere Glas auf das Tablett. Und dann steigt er wieder in die Pedale. Eine halbe Stunde Fahrradstrampeln – das dauert eine halbe Ewigkeit, wenn man untrainiert ist!

Besorgt sieht Kugelblitz auf das Display des Trimmrads. Er hat erst drei Kilometer zurückgelegt und dafür zwölf Minuten

2. Im Fitnessstudio *Herkules*

gebraucht. Ganze 80 Kalorien hat er dabei verbraucht.

„Oje!", stöhnt Kugelblitz. „Wenn ich daran denke, wie viele Kalorien ein Eisbecher mit Schlagsahne hat, dann vergeht mir der Appetit."

2. Im Fitnessstudio *Herkules*

Fragen an alle fitten Detektive, die nicht so leicht ins Schwitzen kommen:
- Wie viele Gläser Fitnessdrink kann Martin servieren, wenn die Kanne 2,5 Liter fasst und in ein Glas 0,2 Liter passen?
- Wie viele Kilometer legt KK in einer Stunde zurück, wenn er sein Tempo beibehält?
- Wie lange muss Kugelblitz auf dem Trimmrad strampeln, um die Kalorien eines großen Eisbechers mit Sahne (400 Kalorien) zu verbrauchen?

Zusatzaufgabe für gute Beobachter:
- Welche Haarfarbe hat der Chef des Fitnessstudios?

3. Die Lotträuber

„Ich hab schwer trainiert und mindestens zwei Kilo abgenommen!", verkündet Kugelblitz stolz, als er eine Stunde später ins Kommissariat kommt, wo seine Assistenten Fritz Pommes, Sonja Sandmann und Peter Zwiebel schon auf ihn warten.

Er stellt eine Einkaufstüte mit zwei Kilo Äpfeln auf den Tisch. „Hebt mal! Zwei Kilogramm! Das ist ganz schön schwer, was?"

„Super, Chef!", lobt Sonja Sandmann den Kommissar.

„Ich würde auch gern abnehmen", seufzt Pommes.

„Was ist jetzt genau mit Dr. Kabuse?", erkundigt sich Kugelblitz.

„Die Dopingfahndung hat sein Labor in der Speicherstadt aufgespürt", berichtet Fritz Pommes. „Aber der Vogel war ausge-

3. Die Lotträuber

flogen. Offenbar hat er sich rechtzeitig abgesetzt. Da er fast alle Geräte mitgenommen hat, vermuten unsere Leute, dass er in Montenegro ein neues Labor für Dopingmittel einrichten will. Die Spurensicherung arbeitet noch."

„Wir müssen sofort unsere Kollegen in Montenegro verständigen", sagt Kugelblitz besorgt.

„Das hat Zwiebel schon gemacht. Der kennt den Polizeichef der Hauptstadt Podgorica aus dem Urlaub."

„Super! Gibt es sonst noch Neuigkeiten?"

3. Die Lotträuber

"Die Angestellte der Lotto-Annahmestelle, die am Wochenende in Altona ausgeraubt wurde, hat uns inzwischen eine ganz gute Beschreibung der Täter geliefert", erzählt Pommes weiter. "Es waren zwei Männer. Einer kam durch das Fenster im Büro hinter dem Laden. Er war ungefähr 20 bis 25 Jahre alt, trug einen grauen Kapuzenpullover mit WM-Aufdruck und hatte einen blauen Schal vor dem Gesicht. Dunkle Augen, dunkle Haare, schlank. Er bedrohte die Angestellte mit einer Pistole und ließ sich das Geld in eine schwarze Reisetasche mit der Aufschrift *Regenbogen-Reisen* füllen. Der andere wartete draußen im Auto. Er hatte eine grüne Wollmütze auf, obwohl es ziemlich warm war. Eine kräftige Figur, meint die Angestellte. Sie sah ihn allerdings nur kurz durch das Schaufenster. Er saß am Steuer und kaute Kaugummi. Wir fanden ein Kaugummi-

3. Die Lotträuber

papierchen der Marke *Coolmint* auf der Straße. Und einen Zettel mit der Aufschrift *Heiße Grüße von Mister X.*"

„Das sieht mir nach einem reinem Ablenkungsmanöver aus", vermutet Sonja Sandmann.

„Ganz meine Meinung", stimmt Zwiebel ihr zu.

„Sonst noch Zeugenaussagen? Wo war der Besitzer der Lotto-Annahmestelle zur Tatzeit?", forscht KK nach.

„Er heißt Paul Malik und macht zurzeit Urlaub in Kroatien", berichtet Pommes. „An der Pinnwand hing eine Ansichtskarte von der Insel Krk."

„Na, der wird einen Schreck kriegen, wenn er von dem Überfall erfährt", befürchtet Peter Zwiebel.

3. Die Lottoräuber

„Wie hoch war der Schaden?", will KK wissen.

„35 785 Euro. Das wissen wir genau. Das Geld war bereits gezählt und gebündelt. Die Angestellte wollte gerade den Laden schließen und die Kassette zur Bank bringen", sagt Pommes.

„Wir haben schon überlegt, ob es ein Auftragsdiebstahl war. Der Laden war gut versichert", wirft Sonja Sandmann kritisch ein.

„Sie meinen Versicherungsschwindel?", vergewissert sich Kugelblitz.

„Die Täter müssen jedenfalls gewusst haben, dass eine Menge Geld in der Kasse war", bemerkt Zwiebel.

„Kunststück! Es lag ja diesmal eine Menge Geld im Jackpot. Das stand in jeder Zeitung. Deshalb haben die Leute wie die Wilden Lotto gespielt!", brummt Pommes. „Sogar ich hab einen Tippschein ausgefüllt."

3. Die Lottoräuber

„Na und?", sagt Sonja.

„Hab kein Glück im Spiel ...", seufzt Pommes.

„Dafür Glück in der Liebe", grinst Zwiebel. „Die hübsche Blonde von der Bank, oder?"

Pommes wird knallrot. Zum Glück klingelt in diesem Augenblick das Telefon. Es ist Hauptkommissar Bolle aus Berlin.

„Wir haben Neuigkeiten im Fall Kabuse. Die Dopingmittel werden jetzt anscheinend von Montenegro aus verschickt. Nicht nur die Sportler der *Tour de France* sollen seine Dopingmittel verwendet haben."

3. Die Lotträuber

„Interessant", murmelt Kugelblitz. „Glaubst du, dass der Arzt mit der Bingo-Bande zusammenarbeitet?"

„Das vermute ich doch sehr stark. Du kommst doch am Wochenende zum Spiel von Hertha BSC? Da können wir alles besprechen."

„Klar! Wir kommen am Samstag. Versprochen ist versprochen!", versichert Kugelblitz. „Mein Neffe Martin freut sich schon wie ein Weltmeister! Das Qualifikationsspiel zur Champions League gegen Arsenal London möchte er sich auf keinen Fall entgehen lassen. Er hat am Vormittag noch ein Basketballspiel mit seiner Schulmannschaft. Danach fahren wir los."

„Super! Ich freue mich auf euch beide!", sagt Bolle.

„Wir nehmen den Zug um 13.18 Uhr und kommen dann um 14.54 Uhr am Berliner Hauptbahnhof an."

3. Die Lotträuber

„Ich hol euch ab. Das Fußballspiel beginnt erst um 18.00 Uhr. Da können wir vorher noch eine Kleinigkeit essen."

„Nichts da: Ich treibe jetzt Sport und ernähre mich gesund! Ich knabbere höchstens Möhrchen, Salat und Knäckebrot", knurrt Kugelblitz.

„Ich kenne eine ganz besondere kleine Kneipe. Da gibt es die besten Bratkartoffeln Berlins. Und auch sonst noch allerlei Interessantes ... Wetten, dass es dir dort schmeckt?"

„Du weißt, ich wette grundsätzlich nicht", seufzt Kugelblitz und überlegt, wie oft er das heute schon gesagt hat.

3. Die Lottoräuber

Nun die Fragen an alle Detektive mit hellem Köpfchen, die mit Geld und Zeit keine Probleme haben:
- Wie viele Kunden waren in der Lotto-Annahmestelle in Altona, wenn jeder durchschnittlich 8 Euro bezahlt hat?
- Wie lange dauert die Bahnfahrt von Hamburg nach Berlin?

Zusatzaufgaben für Detektive mit gutem Gedächtnis:
- Gib eine Beschreibung der beiden Lottoräuber ab.
- Wie heißt der Besitzer der überfallenen Lotto-Annahmestelle und wo befand er sich angeblich zur Tatzeit?

4. Ein Dieb im Zug

Als Kugelblitz am Samstagmittag zum Hauptbahnhof kommt, herrscht dort ein ziemliches Gewühl. Zu dumm, dass er mit Martin keinen Treffpunkt verabredet hat! Aber da erklingt auf seinem Handy auch schon Martins Erkennungsmelodie: *We are the champions.* Kugelblitz schmunzelt. Zuerst war er dagegen, dass Martin ihm eine Melodie aufs Handy spielt, aber manchmal sind diese verflixten Klingeltöne doch ganz nützlich.

Er nimmt das Gespräch an: „Wo steckst du, Martin?"

„Ich steh am Zeitungskiosk und hol mir nur noch schnell eine Sportzeitung."

„Warte dort! Ich bin ganz in der Nähe", sagt Kugelblitz.

„Dachte schon, ich muss ohne dich nach Berlin fahren. Übrigens: Wir haben gewonnen und sind Stadtmeister!", berichtet Martin stolz.

4. Ein Dieb im Zug

4. Ein Dieb im Zug

„Herzlichen Glückwunsch!", ruft Kugelblitz und beendet das Gespräch. Da entdeckt er seinen Neffen auch schon, der gerade Zeitung und Handy in seiner Sporttasche verstaut.

„Der ICE nach Berlin fährt auf Gleis 8. Ich hab eben nachgesehen", sagt Martin.

Als sie die Rolltreppe zum Bahnsteig hinunterfahren, meint Kugelblitz: „Sag mal, ist der Mann mit dem silbernen Alukoffer, der da unten am Gleis steht, nicht dieser Herr Kules vom Fitnessstudio?"

„Ja, das ist er", bestätigt Martin. „Er hat öfter in Berlin zu tun. Aber ich hoffe, dass wir nicht im gleichen Wagen sitzen. Ich mag ihn nämlich nicht besonders."

Als sie im Großraumwagen ihre reservierten Plätze einnehmen, holt Martin die Sportzeitung heraus und packt seine Tasche dann oben auf die Gepäckablage.

4. Ein Dieb im Zug

Der Zug fährt pünktlich ab.

„Tolle Sache, in etwas mehr als 90 Minuten nach Berlin ohne Zwischenstopp!", sagt Kugelblitz und lehnt sich behaglich zurück, um endlich den Krimi zu lesen, den er schon vor Wochen gekauft hat.

Martin stöpselt den Kopfhörer ein, hört Musik von seinem MP3-Player und vertieft sich in die Sportzeitung.

Richtig gemütlich, findet Martin, als er aus dem Fenster auf die vorbeiflitzende Landschaft sieht.

Aber die Gemütlichkeit ist wie weggefegt, als Martin kurz vor Berlin feststellt, dass seine Sporttasche aus der Gepäckablage verschwunden ist.

„Keine Panik", beruhigt Kugelblitz seinen Neffen. „Ich hab eine Idee, wie wir deine Tasche ganz schnell wiederfinden können!"

4. Ein Dieb im Zug

Und nun die Fragen an alle pfiffigen Detektive, deren kluges Köpfchen blitzschnell zum Zuge kommt:
- Wie findet Kugelblitz Martins Sporttasche im ICE wieder?
- Mit welcher Durchschnittsgeschwindigkeit fährt der ICE, wenn er für die Strecke Hamburg – Berlin (290 km) 90 Minuten benötigt?

5. In der *Tollen Knolle*

Hauptkommissar Justus Bolle erwartet KK und Martin auf dem Berliner Hauptbahnhof, wie er es versprochen hat.

„Mann, ist der Bahnhof riesig!", bestaunt Martin das moderne Gebäude mit dem großen Glasdach.

„Seid ihr hungrig?", fragt Bolle gleich nach der Begrüßung.

5. In der *Tollen Knolle*

Martin nickt. „Wir haben gerade schon einen Fall gelöst!" Und dann berichtet er aufgeregt von dem Taschendiebstahl und wie sie den Dieb überführt haben.

„Und wo ist er jetzt?", erkundigt sich Bolle.

„Der Zugführer wollte ihn gleich der Bahnpolizei übergeben. Sie haben über Funk seine Personalien überprüft und festgestellt, dass es sich um einen lange gesuchten Bahnräuber handelt", erzählt Kugelblitz.

„Na, dann habt ihr euch jetzt eine ordentliche Portion Bratkartoffeln verdient", schmunzelt Bolle. „Wir nehmen ein Taxi und fahren direkt nach Kreuzberg zur *Tollen Knolle.*"

Vor der Bratkartoffelkneipe parkt ein knallroter Porsche.

„Mann, ist das ein heißer Schlitten!", staunt Martin.

5. In der *Tollen Knolle*

„Er gehört dem Wirt", weiß Bolle. „Er soll vor Kurzem einen dicken Wettgewinn eingestrichen haben. Kein Wunder, er sitzt ja direkt an der Quelle." Er deutet auf das Leuchtschild mit der Aufschrift *Sportwetten,*

5. In der *Tollen Knolle*

das im Fenster hängt. „Hier ist angeblich zurzeit das Stammlokal der Wettmafia."

„Aaaaaah!", sagt Kugelblitz gedehnt. „Deshalb führst du uns hierher. Aber sag, war die Stammkneipe der Bingo-Bande nicht das *Café King* in der Rankestraße?"

„Dort ist den Wettfüchsen inzwischen der Boden unter den Füßen zu heiß geworden. Jetzt treffen sie sich hier", erklärt Bolle. „Ein heißer Tipp von Joppe, einem meiner zuverlässigsten Informanten aus der Berliner Unterwelt."

Am Tresen der Kneipe bedient ein grimmig dreinblickender Wirt mit schwarzem Schnauzbart. Er mustert die neuen Gäste argwöhnisch.

„Zweimal Pils vom Fass und eine Brause", bestellt Bolle, nachdem die drei sich an einen freien Tisch gesetzt haben. „Und dreimal Currywurst mit deinen berühmten Bratkartoffeln!"

5. In der *Tollen Knolle*

Die Miene des Wirts hellt sich etwas auf. „Eigentlich sollte ich Mineralwasser trinken", murmelt Kugelblitz und streicht über seinen Bauch. „Das hat null Kalorien."

5. In der *Tollen Knolle*

Während der Wirt das Bier zapft, betreten immer wieder Gäste das Lokal. Teils verschwinden sie in einem der Hinterzimmer, teils bleiben sie an der Bar sitzen, bestellen einen Drink und verfolgen das Geschehen auf den Bildschirmen, die über dem Tresen an der Wand hängen. Dort laufen ohne Pause Liveberichte von Pferderennen, Hunderennen, Fußball, Basketball, Tennis, Super Bowl und anderen Sportereignissen aus aller Welt.

„Mann!", staunt Martin. „Fernsehen total!" Ihn interessieren vor allem die Basketballspiele der amerikanischen Profiliga.
„Da, Onkel Isidor! Der Dirk Nowitzki. Hast du den Korbleger gesehen? Der Mann ist einfach klasse! Bei der Weltmeisterschaft in Japan hat er für Deutschland gespielt und über 200 Punkte geholt." Martin träumt davon, auch einmal ein so toller Basketballspieler zu werden.

5. In der *Tollen Knolle*

An der Wand des Lokals sind überall Spiegel angebracht und zwar so, dass der Wirt vom Tresen aus alle Türen im Blick hat. Einige Männer stehen in Grüppchen zusammen und notieren Zahlen auf Zetteln.
„Was machen die da?", will Martin wissen.
„Die füllen Wettzettel aus", antwortet KK.
„Ist das verboten?", fragt Martin.
„Staatliche Wetten, wie Fußballtoto, sind nicht verboten. Aber es laufen auch viele Wetten über private Wettbüros oder übers Internet und die sind meistens illegal. Kriminell wird es, wenn der Ausgang von Sportereignissen beeinflusst werden soll."
„Wie bei deinem Fall in London, Onkel Isidor, wo Pferde geklaut wurden. Da ging es um Betrug bei Pferderennen", erinnert sich Martin.
„Genau! Und die Bingo-Bande, hinter der wir gerade europaweit her sind, arbeitet mit Bestechung und Doping", erklärt KK.

5. In der *Tollen Knolle*

„Wie bei der *Tour de France*. Oder bei der Schiedsrichterbestechung in der Bundesliga vor einiger Zeit", ergänzt Martin. „Das ist unfair und gemein!"

„Und außerdem ruinieren die Sportler mit den Dopingmitteln ihre Gesundheit", fügt Justus Bolle hinzu.

Aus der Küche dringt der verlockende Duft von Gebratenem ins Lokal. Kugelblitz schnuppert und sagt: „Ich denke, jetzt lösen wir erst einmal gemeinsam den Fall ‚Bratkartoffel'!"

5. In der *Tollen Knolle*

„Den Fall ‚Bratkartoffel' oder den Fall ‚Bratkartoffeln'?", fragt Bolle.

„Egal. Hauptsache, sie schmecken!", schmunzelt Kugelblitz, als der Wirt die dampfenden Teller vor sie hinstellt.

In diesem Augenblick betritt ein neuer Gast das Wettlokal.

„Hallo, Igor!", ruft der Wirt dem Neuankömmling erfreut zu, geht ihm entgegen und schüttelt ihm die Hand. „Ich dachte, du machst noch Urlaub in Montenegro. Danke für die Ansichtskarte!"

5. In der *Tollen Knolle*

„Heute werd ich in Berlin gebraucht", grinst Igor und bestellt sich ein Bier und einen Korn.

„Geschäftlich?"

Igor nickt. „Geschäftlich und privat." Er setzt sich auf einen Platz in der Ecke und liest die Wettzeitung.

Kugelblitz runzelt die Stirn und überlegt: „Der Wirt hat den Mann Igor genannt. Montenegro und Igor – dazu fällt mir jede Menge ein! Dieser Dopingarzt Kabuse soll doch jetzt in Montenegro sein ... Und: Hieß nicht der Typ Igor, der beim letzten Wettskandal aus Mangel an Beweisen freigesprochen wurde? Sie nannten ihn den ‚Wettkönig', da er auf geheimnisvolle Weise ständig riesige Summen gewonnen hat."

„Du hast recht", stimmt Bolle ihm zu. „Er hieß Igor Nemes. Ein Ungar. Vielleicht ist es kein Zufall, dass der Mann ausgerechnet heute in der *Tollen Knolle* aufgetaucht ist.

5. In der *Tollen Knolle*

Im Internet laufen nämlich hohe Wetten auf den Ausgang des Hertha-Spiels."

„Psst! Wir sollten hier nicht länger darüber sprechen", murmelt Kugelblitz, denn jetzt setzen sich drei Männer an den Nebentisch und sehen zu ihnen herüber.

Kugelblitz genießt die leckeren Bratkartoffeln in vollen Zügen.

„Ich denke, wir sollten uns langsam auf den Weg machen. Sonst ist die U-Bahn zum Olympiastadion so voll, dass wir keine Luft mehr kriegen", brummt Bolle schließlich nach einem Blick auf die Uhr. Er winkt den Wirt herbei. „Alles zusammen! Die beiden Herren sind meine Gäste", sagt Bolle. Er zahlt und sie verlassen das Lokal.

5. In der *Tollen Knolle*

Und nun eine Frage an alle Detektive, die sich auch von komplizierten Rechnungen nicht den Appetit verderben lassen:
- Ein Bier kostet 3,50 Euro, die Brause 2,40 Euro und eine Portion Currywurst mit Bratkartoffeln 7,80 Euro. Wie viel Wechselgeld bekommt Bolle, wenn er mit einem 50-Euro-Schein bezahlt und den Rechnungsbetrag auf die folgende durch 5 teilbare Zahl aufrundet?

Zusatzaufgabe für alle aufmerksamen Detektive:
- Sammle alle Informationen, die Kugelblitz und Bolle mit einem Mann namens Igor in Verbindung bringen.

6. Schmutzige Geschäfte

„Waren das Bullen?", erkundigt sich Igor Nemes argwöhnisch beim Wirt und sieht Bolle und seinen Begleitern nach.

„Tss! Doch nicht mit einem Kind!", beruhigt ihn der Wirt und schüttelt den Kopf. „Den einen kenn ich schon lange. Ein harmloser Bratkartoffel-Fan."

„Tja, dann werd ich mich mal um die Geschäfte kümmern", grinst Igor und erhebt sich.

Er geht in eines der Hinterzimmer der *Tollen Knolle*. Durch einen geheimen Ausgang in einem Kleiderschrank betritt er den Hinterhof des Häuserblocks. Dort ist in einem alten Waschhaus gut getarnt die Zentrale der Wettmafia untergebracht. Sie ist mit Telefonen und Computern ausgerüstet und sieht wie ein modernes Callcenter aus. Über die Bildschirme laufen die aktuellen Ergebnisse der Sportveranstaltungen in aller Welt.

6. Schmutzige Geschäfte

„Hallo, Platte", sagt Igor und klopft einem kahlköpfigen jungen Mann auf die Schulter, der vor einem der Monitore sitzt. „Wieder aus Hamburg zurück? Wie stehen die Quoten für das Hertha-Spiel?"

„578 : 1 für Arsenal. *Der* Topfavorit mit Joe Clayman als Keeper", lächelt der Angesprochene, der in einem seiner Personalausweise Harry Kules heißt. „Wichtiger Tag heute!"

6. Schmutzige Geschäfte

„Ich weiß. Wir halten dagegen", grinst Igor. „Der Deal ist abgesichert. Setz für mich 1 000 Euro in kleinen Beträgen auf einen Sieg der Berliner."

Sofort beginnt Harry Kules die Tasten seines Computers zu bearbeiten. Zahlen flimmern über den Bildschirm. „Die Wetten sind platziert", meldet er schließlich.

Zufrieden verlässt Igor das Waschhaus. Dort wird nur noch „schmutziges Geld" gewaschen, an das die Bingo-Bande durch Dealerei, Bankraub, Erpressung oder Schmuggel gelangt ist und das beim Auszahlen der Wettgewinne wieder unauffällig in Umlauf gebracht wird.

Jetzt überquert Igor den rechteckigen Hinterhof, der an allen vier Seiten von Wohnhäusern eingerahmt ist. Auf der gegenüberliegenden Seite des Hofes betritt er durch eine Glastür einen Neubau.

6. Schmutzige Geschäfte

Im Erdgeschoss befindet sich ein Feinschmeckerlokal. Igor sieht kurz durch die Tür, zögert und überlegt einen Augenblick, ob er sich etwas zu essen gönnen soll. Dann beschließt er aber, damit auf seine Freundin Ivenka zu warten, mit der er am Abend verabredet ist.

Die Schilder neben den Klingeln verraten, dass in dem Haus vor allem Anwälte und Ärzte ihre Kanzlei, Praxis oder Wohnung haben. Hier fällt das folgende Schild nicht auf:

Dr. **P**aul **U**lrich **M**alik
– **A**nlageberater –

Igor öffnet das Alutürchen des großen Briefkastens, holt die Post heraus und fährt dann mit dem gläsernen Lift ins fünfte

6. Schmutzige Geschäfte

Stockwerk. Dort schließt er die Wohnungstür auf. Sein zukünftiger Schwager Paul hat ihm für eine Weile seine Wohnung überlassen, weil er geschäftlich viel auf Reisen ist. Im Augenblick kauft er Grundstücke in Kroatien, um das Geld anzulegen, das ihm in der vergangenen Woche der vorgetäuschte Überfall auf seine Lotto-Annahmestelle in Hamburg eingebracht hat.

Igor geht in die Küche und holt sich eine Cola aus dem Kühlschrank. Dann öffnet er die Wohnzimmertür, lässt sich in den Fernsehsessel fallen und schaltet mit der Fernbedienung den Sportkanal ein: Das Spiel im Olympiastadion muss er unbedingt sehen!

6. Schmutzige Geschäfte

Jetzt die Fragen an alle Detektive mit Durchblick, die auch bei undurchsichtigen Wetten mit ihrem Tipp nicht danebenliegen:
- Die Wettquote steht 578 : 1 für Arsenal. Welche Mannschaft hat demzufolge die größeren Chancen auf einen Sieg?
- Auf welche Mannschaft wettet Igor? Was macht ihn so sicher?
- Wie hoch ist Igors Gewinn, wenn er richtig getippt hat? Schätze zunächst: mehr oder weniger als eine halbe Million?

Und noch eine Aufgabe für alle, die Igor in Gedanken unauffällig gefolgt sind:
- Nenne alle 14 Türen und Türchen, die Igor nach dem Verlassen des Wettlokals öffnet, bis er schließlich in den Fernsehsessel sinkt.

7. Die Entführung

Die beiden Berufsgauner Molli und Eule fahren in einem silbergrauen VW Sharan mit abgedunkelten Scheiben auf dem Berliner Kurfürstendamm stadteinwärts.

Sie haben schon des Öfteren für die Geheimorganisation Bingo gearbeitet, zuletzt in der vergangenen Woche in Hamburg, aber diesmal sind die beiden mit einem ganz besonderen Auftrag unterwegs. Sehr ehrenvoll und streng geheim! Niemand darf davon ein Sterbens-

7. Die Entführung

wörtchen erfahren! Die Anweisung kommt von Mister X, dem Boss der Bande, persönlich: Sie sollen eine englische Lady und ihre Tochter entführen.

„Total harmlos und nur für ein paar Stunden. Es darf ihnen kein Härchen gekrümmt werden!", hat Mister X mit der für ihn typischen, elektronisch verzerrten Blechstimme am Telefon gesagt.

„Aber klar doch! Wir wissen schließlich, wie man mit Damen umgeht!", hat Molli ihm versichert und dann haben die beiden die Entführung sorgfältig vorbereitet.

Nun verfolgen sie schon seit einer halben Stunde ihr Zielobjekt.

„Da vorne läuft sie wieder, Molli!", ruft Eule, als sie beim Wittenbergplatz um die Ecke biegen. „Jetzt geht sie zum Shoppen ins KaDeWe! Hab ich dir doch gleich gesagt: Da gehen alle Engländer hin!"

7. Die Entführung

„Bist du dir sicher? Aber sie hat einen Jungen an der Hand und kein Mädchen."

„Sie ist es!", schnauft Eule. „Der rote Hosenanzug, die auffälligen Ohrringe und die verrückte Sonnenbrille – so ist sie vorhin aus dem Hotel gekommen."

„Aber der Junge ...", zweifelt Molli immer noch und kramt einen Waldmeister-Lolli

7. Die Entführung

aus der ausgebeulten Tasche seiner hellblauen Joggingjacke.

„Es ist ein Mädchen, das wie ein Junge angezogen ist", knurrt Eule und stoppt den Wagen im Halteverbot. „Du weißt, was du zu tun hast, Molli?"

„Logo", brummt Molli und springt aus dem Wagen. Er läuft auf die blonde Frau zu und fragt: „Sprechen Sie Deutsch, Mrs Clayman?"

Die Frau nickt überrascht.

„Bitte kommen Sie schnell mit ins Fußballstadion! Ihr Mann hatte einen Unfall.

7. Die Entführung

Er hat sich das Bein gebrochen und – äh – den linken Zeh und drei Rippen!"

Die Frau wird blass unter dem sonnenbraunen Make-up. Ohne zu zögern, folgt sie mit ihrem Kind Molli, der die beiden hastig in das Auto schiebt.

Das Mädchen fängt an zu heulen. Es versteht nicht, was los ist. Eigentlich wollte Mama ihr doch gerade einen riesigen Teddy kaufen. Einen echten Berliner Bären!

„Komm, Annie! Wir müssen schnell zu Daddy. Er hatte einen Unfall", erklärt die Mutter ihrer Tochter auf Englisch und nimmt sie in den Arm, um sie zu trösten.

„Gib ihr einen Lolli!", knurrt Eule.

Aber das etwa achtjährige Mädchen schüttelt nur den Kopf und schluchzt weiter.

Da startet Eule auch schon durch. Der Polizist, der ihn gerade wegen Falschparkens aufschreiben wollte, sieht ihnen verblüfft nach.

7. Die Entführung

Aber Eule steuert den Wagen nicht zum Fußballstadion, sondern in Richtung Wannsee ...

Und nun zwei Fragen an alle Detektive mit Weitblick:
- Warum bekamen Molli und Eule von Mister X den Auftrag, die Frau und die Tochter des berühmten Torwarts von Arsenal London zu entführen?
- Welche Person kann später bei der Aufklärung der Entführung vermutlich helfen?

8. Das Fußballspiel

Kugelblitz, Martin und Bolle strömen nach dem Verlassen der U-Bahn zusammen mit Hunderten von Fußballfans in Richtung Olympiastadion.

Als sie eine halbe Stunde vor Spielbeginn auf ihre Plätze in der Hertha-Fankurve zusteuern, ist die schon fast bis auf den letzten Platz belegt.

Es herrscht ein Höllenspektakel. Die Fans blasen auf ihren Tröten und singen. Sie johlen und pfeifen. Eine La-Ola-Welle wogt durchs Stadion.

„Eine Wahnsinnsstimmung!", freut sich Martin.

„Das Tattoo kommt mir bekannt vor", murmelt Kugelblitz und deutet auf einen tätowierten Unterarm, der neben ihm eines der tausend Hertha-Fähnchen schwenkt, die jetzt das Stadion beleben wie ein blau-weißes Meer. Ein schwarzer Puma – wo hat er dieses Tattoo bloß schon mal gesehen?

8. Das Fußballspiel

Jetzt erinnert er sich: Na klar, im Fitnessstudio in Hamburg! Scheint ein beliebtes Motiv in den Tätowierstuben zu sein.

8. Das Fußballspiel

Das Stadion ist fast ausverkauft.

„Es sind bestimmt über eine Million Leute hier!", schätzt Martin, der sich die Hertha-Farben ins Gesicht gemalt hat.

„Eine Million? Nein, aber vielleicht 50 000?", tippt Kugelblitz nach einem Blick in die Runde.

„Gut geschätzt!", antwortet Bolle. „Wenn das Stadion komplett voll ist, finden hier über 74 000 Zuschauer Platz." Dann wendet er sich an Martin und meint: „Nicht mal ein Erwachsener kann sich vorstellen, wie viel eine Million wirklich ist."

„Aber das ist doch ganz einfach: Wenn ein großes Stadion im Durchschnitt 50 000 Leute fasst, dann muss man sich nur ...", beginnt Kugelblitz und wird dann von einer Lautsprecheransage unterbrochen.

Der Stadionsprecher liest die Aufstellungen der beiden Mannschaften vor. Überraschenderweise steht bei Arsenal London

8. Das Fußballspiel

nicht der berühmte Torwart Joe Clayman im Tor. Ein empörtes Pfeifkonzert der englischen Fans ist die Antwort.

Der Mann mit dem Puma-Tattoo stößt seinen Nachbarn mit dem Ellbogen in die Seite und sagt triumphierend: „Hab ich's dir nicht gesagt, Eddi? Jetzt haben wir gegen die Londoner Rothemden leichtes Spiel!"

Da laufen auch schon die Spieler der beiden Mannschaften mit Minikickern aufs Feld. Stolz führen die kleinen Fußballer ihre großen Kollegen an die Mittellinie.

8. Das Fußballspiel

Dann werden die Seiten ausgelost. Hertha hat Anstoß. Es folgt der Anpfiff und schon rollt der Ball übers Feld.

Herthas Gegner werden von einer arabischen Fluglinie gesponsert, Hertha von der Bahn.

„Da spielt jetzt Flug gegen Zug", scherzt Kugelblitz.

„Ich befürchte, da kommen noch ganz andere Dinge zum Zuge", sagt Bolle, denn schließlich ist er nicht ohne Grund mit seinem berühmten Kollegen zu diesem Spiel gegangen. „Joppe meint, der Schiedsrichter wurde bestochen", raunt er seinem Kollegen zu.

„Joppe? Der Gauner, der dir immer Tipps gibt?", erinnert sich Martin, der trotz des Lärms den letzten Satz aufgeschnappt hat.

„Genau", bestätigt Bolle. „Er kennt sich in der Unterwelt ziemlich gut aus und hat seine Ohren überall."

8. Das Fußballspiel

Die beiden Mannschaften sind kampfbereit und es geht gleich kräftig zur Sache. Der Schiedsrichter zückt schon nach zehn Minuten die rote Karte gegen den besten Stürmer von Arsenal wegen einer kleinen Rempelei am Spielfeldrand. Eine sehr umstrittene Entscheidung! Der beliebte Spieler muss vom Platz.

„Schiebung!", ruft eine empörte Gruppe aus dem englischen Fanblock.

„Klasse! Zeig's ihnen, Kalle", jubelt der Mann mit dem tätowierten Arm dem Schiedsrichter zu. „Greif durch!"

„Wie viel hast du denn gesetzt?", erkundigt sich Eddi neben ihm.

„10 000!", antwortet der mit dem Puma-Tattoo.

8. Das Fußballspiel

8. Das Fußballspiel

„Bist du wahnsinnig?"
„Es ist abgesichert! Hab eben mit Platte telefoniert. Der ist seit heute wieder in Berlin und hat alles im Griff. Wirst schon sehen!", sagt der Mann und schiebt sich ein Lakritzbonbon in den Mund.
Kurz darauf trifft der Kopfball eines Hertha-Stürmers zielgenau ins Tor der Gäste.
„Tooor!", brüllen die Berliner Fans.
„Clayman hätte den gehalten", meint Martin.
„Glück für Hertha", entgegnet Kugelblitz.

Die Mannschaft von Arsenal London ist durch den Ersatztorwart und den Stürmerverlust so sehr geschwächt, dass der Sieg der Gastgeber ziemlich bald feststeht. Das Spiel endet schließlich 3 : 1 für Hertha.

8. Das Fußballspiel

Und nun die Fragen an alle Detektive, die auch bei riesigen Zahlen nicht den Überblick verlieren:

- Führe Kugelblitz' unterbrochene Überlegung fort: Wie viele Fußballstadien mit durchschnittlich 50 000 Plätzen sind nötig, um eine Million Fans unterzubringen?
- Berlin hat etwa 3,4 Millionen Einwohner. Wie viele Stadien
  a) von der Größe des Olympiastadions
  b) mit Platz für 50 000 Zuschauer
  kann man füllen, wenn alle Berliner Bürger darin Platz finden sollen?

9. Wo steckt Clayman?

Hauptkommissar Bolle versucht nach dem Spiel vergeblich, mit dem Schiedsrichter Kontakt aufzunehmen. Deshalb geht er mit Kugelblitz und Martin zu den Mannschaftskabinen.

„Der Schiedsrichter musste gleich nach dem Spiel zum Flugplatz", gibt dort einer der Betreuer Auskunft. „Er hat gesagt, er fliegt nach Dubai. Angeblich verhandelt er dort wegen einer Trainerlizenz."

Anschließend gehen die drei zum Presseraum. Da ist man in der Regel am besten informiert.

„Was war mit eurem Torwart los? Ist er plötzlich krank geworden?", erkundigt sich KK bei einem englischen Journalisten.

„Keine Ahnung. Unsere Reporter sind unterwegs und versuchen das herauszufinden. Heute Morgen beim Frühstück war Clayman noch kerngesund."

9. Wo steckt Clayman?

„Man munkelt, dass er entführt wurde", mischt sich ein Redakteur der *Bild*-Zeitung aufgeregt ein und klappt sein Handy zu. „Wir haben eben einen anonymen Anruf in der Redaktion bekommen!"

„Unsinn! Er war doch kurz vor dem Spiel noch mit uns in der Umkleidekabine. Dann klingelte sein Mobiltelefon. Nach einem kurzen Anruf ging er hinaus und verschwand ohne ein Wort. Freiwillig! Entführt wurde er sicher nicht", ruft ein Spieler aus der englischen Mannschaft dazwischen.

9. Wo steckt Clayman?

„Es muss aber etwas Schlimmes passiert sein. So mir nichts, dir nichts lässt uns der Joe nicht hängen!", versichert der Mannschaftsarzt, der gerade dazukommt. „Mit Clayman im Tor wäre das Ergebnis bestimmt ganz anders ausgefallen!"

Jetzt kommt der englische Trainer mit einem Kollegen von der Stadionpolizei auf Bolle zugelaufen. Er ist sehr besorgt und reicht dem Hauptkommissar einen Zettel mit einer hastig hingekritzelten Botschaft:

„Das fand ich eben auf dem Tisch in meiner Kabine. Es ist eindeutig Joes Handschrift", betont der Trainer. „Sieht ganz danach aus, als ob Joe unfreiwillig verschwunden ist."

9. Wo steckt Clayman?

„Wir werden uns sofort um die Sache kümmern!", verspricht Kugelblitz und versucht den aufgeregten Mann zu beruhigen. Hauptkommissar Bolle telefoniert bereits mit seiner Dienststelle und gibt eine Suchmeldung nach dem verschwundenen Torwart durch.

Inzwischen ist es bis zu den Reportern durchgedrungen, dass der englische Torwart auf rätselhafte Weise spurlos verschwunden ist.

„Ärger mit dem Trainer?", vermutet einer.

„Kidnapping!", ruft ein englischer Sportjournalist.

„Wie? Entführung? Warum? So wichtig war dieses Qualifikationsspiel doch auch wieder nicht", meint eine Journalistin vom *Kicker.*

„Ob die Wettmafia dahintersteckt?", gibt ein Kenner der Szene zu bedenken.

9. Wo steckt Clayman?

„Beim Sport dreht sich doch in letzter Zeit alles nur noch ums Geld!", schimpft ein Kameramann. „Geld fließt für die Stadionnamen und die Bandenwerbung, für die Ausstattung mit Trikots und Schuhen und, und, und … Nach der Fußball-Weltmeisterschaft haben sie doch sogar unseren Rasen hier verkauft! Der Elfmeterpunkt wurde nach dem Endspiel herausgeschnitten, in Acryl gegossen und für 4 000 Euro an einen italienischen Fan verscherbelt. Verrückt!"

„War doch ein guter Einfall und brachte Kohle in die leere Kasse", grinst ein Hertha-Fan.

9. Wo steckt Clayman?

„Ja, Sport und Geld!", seufzt eine junge Journalistin. „Das ist ein Kapitel für sich. Es fängt schon bei den Kindern an. Unser Sohn Kevin gibt sein ganzes Taschengeld für Fußballsammelbilder aus!"

„Das ist doch gar nicht so schlimm: Das Sammelalbum für eine Bundesligasaison kostet nur einen Euro", versucht ihr Mann sie zu beschwichtigen. „Und eine Tüte mit sechs Bildchen ist schon für 50 Cent zu haben."

„Na, dann rechne mal aus, was ein fertiges Album mindestens kostet! Da passen 498 Bilder rein!", sagt seine Frau.

„Im Kopfrechnen war ich schon in der Schule schlecht ...", meint ihr Mann grinsend.

9. Wo steckt Clayman?

Nun die Fragen an alle Detektive, die sich auch von verlockenden Angeboten nicht so einfach verführen lassen:
- Wie viel Geld wurde am Verkauf des Rasens verdient, wenn ein Drittel des Spielfelds verkauft wurde und ein Quadratmeter etwa 1200 Euro einbrachte?
- Wie viel Geld hat Kevin für sein Fußball-Bundesliga-Sammelalbum ausgegeben, wenn er alle Bilder eingeklebt hat und ihm 78 doppelte Bildchen übrig bleiben?

Und noch eine Scherzfrage für besonders schlaue Detektive:
- Wie viel wiegt die Erde in dem 15 cm breiten und 10 cm tiefen Loch, das durch den Verkauf des Elfmeterpunkts entstanden ist?

10. Das alte Bootshaus

Während die Polizei im Zentrum Berlins fieberhaft nach dem verschwundenen Torwart fahndet, ist Joe Clayman mit einem Motorboot auf dem Wannsee unterwegs.

Keine Polizei!, hatten die Entführer seiner Frau und seiner Tochter eindringlich gefordert und ihn übers Handy volle zwei Stunden lang mit U- und S-Bahn kreuz und quer durch die ganze Stadt geschickt. So lange, bis das Fußballspiel im Olympiastadion zu Ende war.

10. Das alte Bootshaus

Jetzt wird Joe Clayman telefonisch angewiesen, zu einem abgelegenen Bootshaus zu fahren, in dem die Entführten versteckt sein sollen.

„Es ist blau gestrichen und hat ein braunes Dach", ertönt nach einer Weile, die Clayman wie eine Ewigkeit vorkommt, die Blechstimme erneut aus seinem Handy.

„Ich sehe es!", ruft Clayman aufgeregt. Er fährt darauf zu, legt am Bootssteg an und brüllt: „Anniiiiie! Suuuuuusan!"

Dann springt er aus dem Boot und rennt auf die Tür zu. Sie ist von außen verriegelt. Und tatsächlich: Er hört dumpfe Geräusche. Als der Riegel nicht gleich nachgibt, hilft er mit einem energischen Fußtritt gegen die Tür nach.

„Annie! Susan!" Joe Clayman ist erleichtert, als er seine Frau und seine Tochter zwischen Decken in einem aufgebockten Boot entdeckt. Er befreit sie von

10. Das alte Bootshaus

den Fesseln und den Pflasterstreifen, die man ihnen auf den Mund geklebt hat, damit sie nicht rufen konnten.

„Daddy", schluchzt Annie und fällt ihrem Papa weinend um den Hals.

„Warum wurden wir entführt?", will Susan von ihren Mann wissen. Sie reibt sich die vom Pflaster wunde Lippe.

„Sie wollten, dass ich nicht spiele", erklärt Joe Clayman seiner Frau finster. Und dann

10. Das alte Bootshaus

ruft er die Polizei an. Das kann er jetzt gefahrlos tun, denn seine Familie ist bei ihm und in Sicherheit. Sie verabreden ein Treffen am Bootsverleih, bei dem er das Motorboot gemietet hat.

Als die Claymans dort ankommen, wartet Hauptkommissar Bolle mit Kugelblitz, Martin und einigen Polizisten schon auf sie. Eine junge Polizistin bemüht sich um Susan Clayman, bei der sich die Anspannung in Tränen auflöst.

„Willst du dich um Annie kümmern, während wir mit ihrem Vater reden?", fragt Bolle Martin.

Das tut Martin gern. Er war schon zweimal zum Schüleraustausch in England und kann sich ganz gut auf Englisch verständigen. So ist es für ihn nicht allzu schwer, mit Annie ins Gespräch zu kommen. Schnell findet er heraus, dass sie auch Basketball spielt und ein Fan von Dirk Nowitzki ist.

10. Das alte Bootshaus

„Er kann beim Basketball auf allen fünf Positionen eingesetzt werden. Das ist fabelhaft!", schwärmt Martin.

„Ich finde ihn auch super!", sagt Annie.

Martin erzählt, dass der berühmte Basketballer aus Würzburg stammt und dass er ihn persönlich kennt, weil er früher neben seiner Tante Sabine gewohnt hat. Da ist Annie schwer beeindruckt.

Und dann kann Martin es nicht lassen, ein wenig mit seinem Onkel, dem berühmten Kommissar, anzugeben, der auch schon in England Fälle gelöst hat.

10. Das alte Bootshaus

„Sag mal: Wie alt ist dein Onkel eigentlich?", will Annie wissen.

„Ganz genau viermal so alt wie ich", antwortet Martin.

„Und wie alt bist du?", fragt Annie nun.

Martin grinst: „Mein großer Bruder Jakob ist siebzehn, meine Schwester Sonja ist zwölf und mein Bruder Stefan ist zehn. Zähle ihr Alter zusammen und nimm den dritten Teil davon. Zähle eins dazu, dann weißt du mein Alter. Nun kannst du auch ausrechnen, wie alt Kugelblitz ist."

„Kein Problem!", sagt Annie und lacht. „Mathe ist mein Lieblingsfach!"

Während sich die beiden unterhalten, befragen Bolle und KK Annies Vater.

Joe Clayman berichtet, dass er kurz vor dem Spiel einen Anruf auf seinem Handy bekam: „Als ich die Stimme meiner Frau hörte, wusste ich, dass das mit der Ent-

10. Das alte Bootshaus

führung kein Scherz war. Sie bat mich, nicht zu spielen, da sonst ihr Leben in Gefahr sei. Ich rannte sofort los und verließ das Stadion. Die Kidnapper führten mich dann auf Umwegen zu dem Versteck."

„Na klar! Die Entführer mussten die Zeit überbrücken, bis das Spiel gelaufen war", murmelt Kugelblitz.

„Jetzt ist zum Glück alles vorbei", seufzt Bolle und legt seine Hand beruhigend auf Claymans Schulter. „Fahren Sie ins Hotel und kümmern Sie sich um Ihre Familie. Zwei meiner Leute werden Sie begleiten. Wenn sich Ihre Frau etwas erholt hat,

10. Das alte Bootshaus

möchten wir sie gerne befragen. Um die Ermittlungen nicht zu erschweren, bitten wir Sie allerdings, der Presse vorerst nichts von der Entführung zu erzählen."

Die Claymans versprechen es.

„Vielen Dank", sagt Joe Clayman, als er sich verabschiedet.

„Auf Wiedersehen", sagt Annie auf Deutsch zu Martin und lächelt.

10. Das alte Bootshaus

Hier zwei knifflige Fragen an alle Detektive, deren Lieblingsfach auch Mathe ist:
- Wie lange braucht Joe Clayman für die 9 km lange Strecke zurück zum Bootsverleih, wenn das Motorboot mit einer durchschnittlichen Geschwindigkeit von 30 km/h fährt?
- Wie alt ist Martin? Wie alt ist Kugelblitz?

11. Wichtige Ermittlungen

Vor dem Hotel *Hilton* am Gendarmenmarkt warten schon die Reporter. Sie fallen mit Kameras und Mikrofonen über den Fußballstar her.

„Ich bin nicht entführt worden. Ich musste meine Frau suchen", versichert Clayman den Journalisten, als er auf den Hoteleingang zustrebt. Es ist nur die halbe Wahrheit.

„Lassen Sie uns bitte durch!", fordert der Polizist, der die Familie begleitet.

„Warum waren Sie nicht im Stadion, um beim Spiel zuzusehen, Mrs Clayman?",

11. Wichtige Ermittlungen

fragt ein vorwitziger Reporter, der einen Ehekrach wittert.

„Weil mir das zu aufregend ist, wenn mein Mann im Tor steht", antwortet Susan Clayman. „Aber heute habe ich erlebt, dass es noch aufregender sein kann, wenn er nicht im Tor steht."

Mit Mühe bahnen die Polizisten für den beliebten Torwart und seine Familie einen Weg ins Hotel.

Etwas abseits vom Haupteingang steht ein mittelgroßer Mann mit einer abgetragenen Cordjacke. Es ist Joppe. Er ist blass und schüttelt den Kopf. Dass der Schiedsrichter bestochen werden sollte, hat er mitgekriegt. Aber dass im Zusammenhang

11. Wichtige Ermittlungen

mit dem Torwart eine Entführung geplant war, davon hatte er keine Ahnung. Das bedeutet, dass nur der Kopf der Bande und seine engsten Vertrauten davon gewusst haben. Und der Kopf ist der geheimnisvolle Mister X, dem man besser nicht in die Quere kommt! Der geht über Leichen. Bei dem Gedanken, dass sein guter Kontakt zur Polizei herauskommen könnte, bekommt Joppe eine Gänsehaut. Das wäre gefährlich – lebensgefährlich! Könnte gut sein, dass man dann eines Morgens mit der Nase nach oben in der Spree schwimmt ...

Hastig wendet er sich ab und strebt der beliebten Currywurstbude am Ku'damm 195 zu. Auf den Schreck hin braucht er eine Extrawurst.

Hauptkommissar Bolle gönnt den drei Claymans eine kleine Pause im Hotelzimmer. Dann bittet er um ein Gespräch.

11. Wichtige Ermittlungen

„Kommen Sie herein", sagt Clayman, als Bolle und Kugelblitz vor der Hotelzimmertür stehen. Der Torwart muss nicht nur den Schock der Entführung verkraften, sondern auch die Tatsache, dass seine Mannschaft deutlich verloren hat. Richtig wütend ist er und faucht: „Wenn ich die Kerle erwische, dann ..."

„Wir werden sie erwischen", verspricht Bolle und wendet sich an die Frau des Torwarts: „Aber dafür brauchen wir von Ihnen eine möglichst genaue Beschreibung."

„Aber selbstverständlich", sagt Mrs Clayman gefasst. Und dann beschreibt sie die beiden Gauner, so gut sie kann: „Einer war rundlich und mittelgroß, der andere lang und schlaksig. Beide hatten dunkle Haare. Der Lange trug eine Brille mit aufgesetzten Sonnengläsern und einen hellblauen Jogginganzug. Er lutschte eklige grüne Waldmeister-Lollis. Der Dicke hatte

11. Wichtige Ermittlungen

eine gehäkelte grüne Kappe auf und kaute Kaugummi. Von seinem Gesicht hab ich nicht viel gesehen, denn er trug ebenfalls eine große Sonnenbrille."

„Der dickere hatte ein Muttermal am Hals!", ruft Annie. „Ich saß hinter ihm, er lenkte den Wagen. Der andere wollte mir einen Lolli geben, aber ich bin doch kein Baby mehr!"

Kugelblitz überlegt kurz und plötzlich erinnert er sich …

Bolle bedankt sich. „Vielen Dank! Das sind sehr wichtige Hinweise." Er will sich verabschieden.

„Halt!", erinnert sich Mrs Clayman plötzlich. „Es war ein silbergrauer Wagen. Er stand im Halteverbot. Ein Polizist vor

11. Wichtige Ermittlungen

dem KaDeWe wollte gerade die Nummer aufschreiben, da fuhren wir los. Vielleicht erinnert sich der Polizist noch daran?"

„Das könnte eine gute Spur sein", stellt Bolle zufrieden fest.

„Mehr fällt mir jetzt aber wirklich nicht ein", seufzt Mrs Clayman, der man die Aufregung der vergangenen Stunden deutlich ansieht.

„Nochmals vielen Dank! Das war schon eine ganze Menge", sagt Bolle. „Unsere Spezialisten machen sich noch heute Abend an die Arbeit."

Eine kurze Zwischenfrage an alle aufmerksamen Detektive:
- Was ist Kugelblitz anhand der Täterbeschreibung aufgefallen?

12. Joppe, der Informant

„Die Entführer waren auf jeden Fall die gleichen Gauner wie die Lottoräuber bei uns in Altona", stellt Kugelblitz fest, als er am Sonntagmorgen gegen 10.00 Uhr mit Martin und Bolle in einem Café am Gendarmenmarkt beim Frühstück sitzt.
„Ob unser Igor aus der *Tollen Knolle* auch etwas damit zu tun hat? Leider hat er das beste Alibi der Welt: Wir drei haben ihn am Samstag zur Tatzeit dort gesehen. Und der Wirt wird es bezeugen."

„Die Täterbeschreibung passt auch nicht zu ihm. Ich werde mal versuchen Joppe auszufragen." Bolle sieht auf seine Uhr.
„Wir sind um 11.00 Uhr mit ihm am Bahnhof Zoo verabredet. Kommt! Nehmen wir die U-Bahn. Das ist am einfachsten."

Joppe lehnt am Bahnhofskiosk. Er stützt sich mit einem Fuß an der Wand ab und liest eine Sportzeitung. Bolle kauft sich die

12. Joppe, der Informant

Welt am Sonntag und stellt sich unauffällig neben ihn.

Kugelblitz und Martin tarnen sich mit einem Eis als harmlose Touristen und beobachten unauffällig die Szene.

Hunderte von Menschen hasten durch die Bahnhofshalle auf dem Weg zu Bahn

12. Joppe, der Informant

oder Bus. Keiner achtet auf die beiden Männer, die sich jetzt hinter der Zeitung unauffällig unterhalten.

„Weißt du was Neues über die Entführung?", erkundigt sich Kommissar Bolle.

„Ich halt mich da raus!", entgegnet Joppe und hebt abwehrend die rechte Hand. „Kein

12. Joppe, der Informant

Wort sag ich mehr! Der Fall ist eine Nummer zu groß für mich!"

„Du bist doch sonst nicht so ängstlich. Es soll dein Schaden nicht sein", murmelt Bolle und greift nach seiner Brieftasche.

„Nein, ehrlich! Diesmal steckt Mister X dahinter und das ist mir zu heiß ..." Joppe schlägt sich die Hand auf den Mund, weil er mehr gesagt hat, als er wollte.

„Und? Kennst du diesen Mister X?"

„Den – äh – den kennt keiner, aber er kennt alle", sagt Joppe finster. Er sieht sich ängstlich um. „Er hat seine Leute überall! Kennzeichen: ein Puma. Als Anhänger oder Tattoo. Der Mann am Kiosk ist bestimmt auch einer von seinen Spitzeln."

„Dafür kriegst du hundert Euro. Und noch mal hundert, wenn du mir jemanden aus der Szene nennst, der laufend Waldmeister-Lollis lutscht." Bolle wedelt mit den Scheinen vor Joppes Nase herum.

12. Joppe, der Informant

„Das kann nur Lolli-Molli sein", sagt Joppe und schnappt sich blitzschnell das Geld. „Aber jetzt sag ich wirklich nix mehr! Mein Mund ist versiegelt." Dann dreht er sich um, steckt seine Zeitung in den Papierkorb und verschwindet in der Menge.

Etwa um die gleiche Zeit fährt Igor mit seinem schnittigen Porsche-Cabrio den Kurfürstendamm entlang. Er ist bester Laune. Lässig legt er den Arm um seine Freundin Ivenka. Da klingelt sein Handy.

12. Joppe, der Informant

„Um 12.00 Uhr im *Nirwana!*", krächzt eine raue Stimme.

„Geht in Ordnung, Boss!", antwortet Igor. Er weiß, dass mit *Nirwana* ein geheimes Zimmer im Waschhaus hinter der *Tollen Knolle* gemeint ist, in dem der Boss des Öfteren mit ausgewählten Mitgliedern der Berliner Bingo-Bande Kontakt aufnimmt.

Igor grinst zufrieden und sagt zu Ivenka: „Audienz beim Chef! Bestimmt bekommen wir eine Sonderprämie. Der letzte Auftrag hat schließlich voll hingehauen!" Und dann steuert er seinen Luxussportwagen in Richtung Kreuzberg.

„Du musst noch tanken", erinnert Ivenka ihren Freund. „Der Wagen ist zwar todschick, aber er schluckt ziemlich viel Sprit."

„Ich hab doch erst vor drei Tagen vollgetankt", brummt Igor. Er sieht auf den Tacho. „Na ja, seitdem bin ich rund 500 Kilometer gefahren …"

12. Joppe, der Informant

„Und gestern bist du wie wild über die Avus gerast. Dabei ist das doch keine Rennstrecke mehr, sondern eine normale Autobahn."

In diesem Augenblick klingelt Ivenkas Handy. Es ist ihr Bruder Paul.

„Schön, dass du dich mal meldest!", freut sich Ivenka.

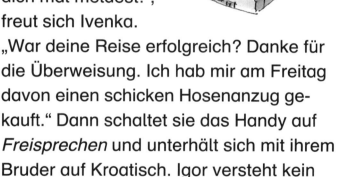

„War deine Reise erfolgreich? Danke für die Überweisung. Ich hab mir am Freitag davon einen schicken Hosenanzug gekauft." Dann schaltet sie das Handy auf *Freisprechen* und unterhält sich mit ihrem Bruder auf Kroatisch. Igor versteht kein Wort.

Nachdem sie das Gespräch beendet hat, sagt sie zu Igor: „Paul hat auf der Insel Krk für Mama und Papa ein Haus gekauft. Er ist ein guter Sohn."

12. Joppe, der Informant

„Wir werden uns auch bald ein Haus leisten können", verspricht Igor seiner Ivenka. „Hat er sonst noch etwas gesagt?"

„Er hat gesagt, die Geschäfte sind gut gelaufen und ich soll dich grüßen. Morgen wird er wieder in Hamburg sein. Dort hat man seine Lotto-Annahmestelle ausgeraubt. Er muss sich darum kümmern, dass die Versicherung den Schaden übernimmt."

Igor grinst und sagt: „Aber das wird doch kein Problem sein, oder?"

„Keine Angst. Paul ist ein Fuchs, wenn es darum geht, Versicherungen auszutricksen", meint Ivenka. „Du solltest jetzt aber schnellstens tanken. Da vorn rechts ist eine Tankstelle!"

12. Joppe, der Informant

Und nun die Fragen an alle eifrigen Detektive, die sich auch von einem schnittigen Porsche nicht abhängen lassen:
- In welcher Sprache unterhält sich Ivenka mit ihrem Bruder?
- Was war der letzte Auftrag, den Igor von Mister X erhalten hat?

Noch eine Aufgabe für rasend schnelle Detektive:
- Wie viele Liter Super muss Igor tanken, wenn sein Sportwagen durchschnittlich 13 Liter auf 100 Kilometern verbraucht?

13. Audienz im *Nirwana*

„Du schon wieder?", ruft der Wirt überrascht, als Igor gemeinsam mit seiner Freundin die *Tolle Knolle* betritt.

„Ist eben gemütlich bei euch", grinst Igor. „Deine Bratkartoffeln sind die besten in ganz Berlin. Außerdem will mich der Boss sprechen!"

Die flimmernden Bildschirme an der Wand zeigen, dass hier auch am Sonntag das Wettfieber umgeht.

Ein junger Mann im grünen Wollpulli füllt gerade einen Wettschein aus. Zwei Jugendliche beschäftigen sich mit einem Computerspiel. Sie fahren die *Rallye Monte Carlo*. Immer wieder rumpeln ihre Wagen über den Straßenrand ins Aus. Und immer wieder werfen sie für ein neues Spiel Geld ein, bis sie schließlich alles verspielt haben.

„Warte einen Augenblick auf mich", sagt Igor zu Ivenka. „Ich bin gleich zurück."

13. Audienz im *Nirwana*

„Ich trinke inzwischen einen Kaffee." Ivenka lässt sich auf einem Barhocker nieder.

Igor geht durch den Ausgang im Kleiderschrank in die Wettzentrale der Bingo-Bande im Hinterhof.

„Tolle Prämie! Gratuliere!", sagt die rotblonde Frau an der Kasse bewundernd, als Igor seinen Wettgewinn einstreicht. „Soll ich tragen helfen?"

„Nein, danke. Dafür hab ich schon jemanden", grinst Igor. „Ich hab jetzt gleich einen Termin im *Nirwana*. Um 12.00 Uhr!"

„Geht in Ordnung", sagt die Frau und drückt auf eine Klingel, die unter der Tischplatte angebracht ist. Über der unauffälligen Holztür neben der Kasse blinkt kurz darauf ein grünes Lämpchen. „Du kannst reingehen."

13. Audienz im *Nirwana*

Igor betritt den abgedunkelten Raum nicht zum ersten Mal. Ein Videoclip auf einem riesigen Flachbildschirm zeigt einen Puma, der mit elastischen Schritten auf und ab läuft. Dann bleibt das Tier stehen und sieht den Betrachter an.

Eine elektronisch verzerrte, abgehackte Stimme sagt: „Gut ge-macht, I-gor! Neu-e Auf-ga-ben war-ten auf dich. Du soll-test die Kof-fer pa-cken und dich um un-ser

13. Audienz im *Nirwana*

La-ger und ein neu-es La-bor in Ham-burg küm-mern. Eu-fe-mio Ka-bu-se kann sich dort im Mo-ment nicht mehr se-hen las-sen."

"In Hamburg?", vergewissert sich Igor. Es klingt enttäuscht. Gerade jetzt, wo er von seinem Wettgewinn für sich und Ivenka eine Villa am Wannsee kaufen wollte.

"Ja, Ham-burg – dort brauch ich den Bes-ten!"

"In Ordnung", sagt Igor. "Wer ist dort mein Verbindungsmann?"

"Plat-te, den kennst du ja. Er ar-bei-tet schon län-ger ta-ge-wei-se dort. Er hat es mit dem Ver-kauf un-se-rer Power-drinks schon weit ge-bracht. Ihm ge-hört be-reits ein Fit-ness-stu-dio in Al-to-na. Dort kannst du im-mer un-auf-fäl-lig Kon-takt mit ihm auf-neh-men. Die A-dres-se kriegst du per SMS. Au-ßer-dem triffst du in Ham-burg ja auch ab und zu dei-nen zu-künf-ti-gen Schwa-ger an." Ein spöttisches Lachen

13. Audienz im *Nirwana*

erklingt. „Sag dei-ner hüb-schen I-ven-ka, dass ihr der mint-grü-ne Ho-sen-an-zug von *Es-ca-da* gut steht!" Dann faucht der Puma auf dem Videoclip, dreht sich um und verschwindet. Der Bildschirm wird dunkel.

An der Tür hinter Igor blinkt ein grünes Licht. Das heißt, er kann gehen.

Igor hat keine Ahnung, wer sich hinter der geheimnisvollen Stimme verbirgt. Es ist ihm allerdings unheimlich, was Mister X alles weiß. Woher hat er erfahren, dass Ivenka sich am Freitag auf dem Kurfürstendamm einen mintgrünen Hosenanzug gekauft hat? Er muss seine Augen und Ohren überall haben.

Ivenka erwartet Igor schon ungeduldig. „Na, und?", fragt sie gespannt und trinkt den Kaffee aus.

„Wir ziehen um", berichtet Igor.

„Wohin?", erkundigt sich Ivenka.

13. Audienz im *Nirwana*

„Nach Hamburg. Komm, das wollen wir feiern."

Sie gehen in das feine Restaurant auf der anderen Seite des Hofes. Der Koch hat für seine erlesenen Speisen schon viele Auszeichnungen bekommen.

„Ich habe Appetit auf Rebhuhnbraten", sagt Ivenka. „Den hat meine Mama immer so gut gemacht."

13. Audienz im *Nirwana*

„Und ich nehme die Seezunge mit Mandelkruste", beschließt Igor nach einem Blick auf die Speisekarte.

Es wird kein billiges Mittagessen. Aber Igor hat das Geld ja heute bündelweise in der Tasche …

13. Audienz im *Nirwana*

Hier die Fragen an alle Detektive, denen die Zusammenhänge in diesem Fall immer klarer werden:
- Wo hat Igor die riesige Summe gewonnen?
- Wie heißt Igors Verbindungsmann in Hamburg?
- Wie heißt Igors zukünftiger Schwager?

Und noch eine Frage an alle, die bereits eine Ahnung haben, wer der Boss der Bingo-Bande sein könnte:
- Kannst du dir vorstellen, woher Mister X weiß, dass Ivenka sich einen mintgrünen Hosenanzug gekauft hat?

14. Ein alter Detektivtrick

Bei der Berliner Polizei laufen die Ermittlungen im Entführungsfall Clayman auf Hochtouren. Der Streifenpolizist, der am Samstag vor dem KaDeWe Dienst hatte, wird anhand des Dienstplans schnell ausfindig gemacht und kommt in Bolles Büro. Er kann sich gut an den Falschparker vor dem Kaufhaus erinnern.

„Ich hatte gerade das Kennzeichen auf meinen Protokollblock geschrieben, da ist der Mann weggefahren. Er hat wirklich nur kurz gehalten und drei Leute einsteigen lassen: einen Mann, eine Frau und ein Kind. Deshalb habe ich ein Auge zugedrückt und auf eine Anzeige verzichtet."

„Wie sah der Fahrer aus?"

„Kernige Gestalt. Mit kleiner, grüner Wollkappe. Und er trug eine Sonnenbrille. Aber so sehen ja heute viele aus."

„Haben Sie den Protokollzettel noch?", erkundigt sich Kugelblitz.

14. Ein alter Detektivtrick

„Den hab ich abgerissen und in den Papierkorb geschmissen. Kurz danach hatte ich Dienstschluss und ging nach Hause."

„Darf ich den Block mal sehen?", fragt Kugelblitz. Er kramt in seiner Manteltasche und holt einen weichen Bleistift heraus ... Kurz danach kennt er das vollständige Autokennzeichen.

„Alter Detektivtrick", lächelt Kugelblitz. „Aber immer noch gut zu gebrauchen."

Anhand des Autokennzeichens wird der Halter des Entführungswagens kurze Zeit später festgestellt: eine Leihwagenfirma.

14. Ein alter Detektivtrick

Noch am Nachmittag stellt sich heraus, dass der Mann, der den Wagen abholte, einen falschen Namen und eine falsche Adresse angegeben hat.

Die Spurensicherung der Polizei findet in dem Wagen ein Kaugummipapierchen der Marke *Coolmint* und den schäbigen Rest eines abgelutschten Waldmeister-Lollis. Die Reifenspuren stimmen mit denen vor dem Bootshaus überein. Und das blonde Haar auf dem Rücksitz stammt von Annie.

„Aha! Da führt eine breite Spur zu Lolli-Molli", brummt Bolle zufrieden, als er den Bericht der Spurensicherung mit Kugelblitz durchgeht. „Den Burschen knöpfen wir uns vor."

„Und wer ist sein Komplize?", fragt Kugelblitz.

„Vermutlich Walter Euler, genannt Eule. Mit dem steckt er jedenfalls immer zusammen. Sie haben sich im Knast kennen-

14. Ein alter Detektivtrick

gelernt. Das und viele weitere Informationen über die beiden haben wir in unserer Datei gefunden."

„Vielleicht ist Euler der Kaugummikauer?", überlegt Kugelblitz. „Einer der beiden Entführer hat jedenfalls vor dem Bootshaus einen Kaugummi ausgespuckt." Und dann geht ihm kugelblitzschnell ein Licht auf. „Eule und Molli? Diese Namen hat das Mädchen in dem Fitnessstudio in Hamburg genannt, in dem ich mich letzte Woche abgestrampelt habe. Sie überbrachte ihrem Chef Harry Kules, bei dem ich auch das Puma-Tattoo gesehen habe, die telefonische Botschaft, dass die beiden einen Job in Berlin übernehmen würden. Wenn damit mal nicht die Entführung gemeint war ... Und außerdem ist dieser Harry Kules gestern mit dem Zug nach Berlin gefahren ... Das kann doch nicht alles Zufall sein, oder?"

14. Ein alter Detektivtrick

„Du meinst, dieser Harry Kules könnte möglicherweise mit unserer Bingo-Bande zusammenarbeiten?", grübelt Bolle.

„Bingo!", ruft Kugelblitz augenzwinkernd. „Genau! Weißt du übrigens, dass mein Chef auch Bingo heißt?"

„Jetzt, wo du mich daran erinnerst", grinst Bolle. „Aber der ist sicher nicht der geheimnisvolle Mister X, oder?"

„Da möchte ich fast drauf wetten", sagt Kugelblitz.

„Na, na, na. Wetten, du?", lacht Bolle. „Ich denke, ein Kommissar wettet nicht?"

14. Ein alter Detektivtrick

Und nun zwei Fragen an alle erfahrenen Detektive, die den beiden Gaunern Molli und Eule ganz dicht auf den Fersen sind:
- Wie funktioniert Kugelblitz' alter Detektivtrick? Erkläre.
- Wie kann die Kriminalpolizei im Labor nachweisen, dass der Waldmeister-Lolli im Tatfahrzeug von Molli und der Kaugummi vor dem Bootshaus von Eule stammt?

15. Die Spur führt nach Hamburg

Die Beweislast ist erdrückend. Die DNA-Ergebnisse aus dem Labor sind eindeutig: Lolli und Kaugummi stammen von Molli und Eule.

Die beiden Gauner sind schnell geschnappt und es bleibt ihnen nichts anderes übrig, als die Tat zuzugeben. Sie gestehen

auch, dass die Entführung der Familie des Torwarts den Zweck hatte, das Spielergebnis zu beeinflussen, um hohe Gewinne für die Wetteinsätze auf den Außenseiter Hertha BSC zu erzielen. Allerdings beteuern

15. Die Spur führt nach Hamburg

sie hoch und heilig, dass sie den geheimnisvollen Mister X nicht persönlich kennen. Sie kennen nur seine Telefonstimme. Und sie wissen, dass er gern Rebhuhnbraten isst. Den haben sie x-mal für ihn besorgt.

„Er war allerdings nie damit zufrieden. Hat gesagt, seine Mutter kocht ihn besser", berichtet Eule. „Er scheint ganz versessen auf Rebhühner zu sein!"

„Ein Gangster mit Rebhuhntick! Warum haben die Bandenmitglieder dann nicht ein Rebhuhn als Tattoo?", meint Martin zu Kugelblitz.

„Da bringst du mich auf eine Idee", sagt KK. „Warum wählt dieser Mister X ausgerechnet einen Puma als Kennzeichen?"

„Ich werde nach Puma-Tattoos Ausschau halten, wenn ich wieder im Fitnessstudio bin!", verspricht Martin.

15. Die Spur führt nach Hamburg

„Lieber Justus, ich denke, wir werden den Fall gemeinsam lösen. Da bin ich mir sicher", sagt Kugelblitz beim Abschied zu Bolle. „Es sieht ganz so aus, als ob die Bande in Hamburg ebenso aktiv ist wie in Berlin!"

Kugelblitz behält recht: Schon wenige Tage später erfährt Bolle von Joppe, dass Igor Nemes mit seiner Freundin nach Hamburg umzieht. Eine Information, die Bolle natürlich sofort an Kugelblitz weitergibt. So werden Igor und Ivenka schon erwartet, als sie in Hamburg ankommen.

Pommes, Zwiebel und Sonja Sandmann, KKs tüchtige Assistenten, heften sich an ihre Fersen. Und auch Martin hält im Fitnessstudio *Herkules* Augen und Ohren offen.

Es dauert gar nicht lange, da gibt es die ersten interessanten Nachrichten.

15. Die Spur führt nach Hamburg

15. Die Spur führt nach Hamburg

Aufgeregt ruft Martin bei seinem Onkel Isidor an: „Stell dir vor, wer heute bei uns im Fitnessstudio war: Igor aus der *Tollen Knolle!* Der Chef ging mit ihm ins Hinterzimmer und wollte nicht gestört werden. Aber ich hab gelauscht ..."

„Und? Was hast du herausgefunden?"

„Dass Herr Kules nicht nur mit normalen Powerdrinks handelt, sondern dass er auch jede Menge verbotene Dopingmittel für Sportler beschafft. Er erwartet am Montag eine neue Lieferung. Um 9.00 Uhr am alten Lagerhaus in der Speicherstadt."

„Wir werden da sein", verspricht Kugelblitz.

„Und noch etwas: Als Igor wieder weg war, hat Herr Kules gleich mit einigen Leuten telefoniert. Sieht so aus, als ob er das Dopingzeug in großem Stil weiterverkauft. Einen seiner Kunden trifft er am Dienstag um 12.00 Uhr im Hotel *Atlantic.*

15. Die Spur führt nach Hamburg

„Das sind ja tolle Nachrichten!", lobt Kugelblitz seinen Neffen.

Auch Sonja Sandmann kann einen Fahndungserfolg melden. Sie hat Ivenka bei einem Bummel durch die Hamburger Einkaufspassagen heimlich begleitet: „Ivenka hat in einer Espressobar im Hanseviertel ein Handygespräch mit Igor geführt. Sie erzählte ihm, dass ihr Bruder von der Versicherung das Geld für den Raub in der Lotto-Annahmestelle bekommen hat und dass die beiden Räuber bereits im Gefängnis sitzen. Paul Malik ist offensichtlich der Bruder von Igors Freundin Ivenka. Er fliegt heute noch nach Kroatien, wo wohl die Eltern der beiden leben."

Assistent Fritz Pommes spürt den inzwischen steckbrieflich gesuchten Dr. Kabuse auf, der wieder nach Hamburg gekommen

15. Die Spur führt nach Hamburg

und unter dem Namen Dr. Eufemio im Hotel *Atlantic* abgestiegen ist. Ein Hinweis der montenegrinischen Polizei, die seine Flugnummer durchgab, führte ihn auf die heiße Spur. Da Kabuse unerlaubte Dopingmittel mit sich führt, ist es kein Problem, ihn festzunehmen, obwohl er sich heftig wehrt.

Ebenfalls im Hotel *Atlantic* schnappt Kriminalhauptmeister Peter Zwiebel auf

15. Die Spur führt nach Hamburg

Martins Tipp hin Harry Kules, als er gerade mit einem zwielichtigen Radsporttrainer über neue Dopingmittel verhandelt, die angeblich im Blut der Sportler nicht nachweisbar sind.

Auch die Berliner Kripo ist nicht untätig: Hauptkommissar Bolle bekommt von Joppe einen brandheißen Tipp und lässt daraufhin in Kreuzberg hinter der *Tollen Knolle* die Zentrale der Bingo-Bande ausheben. Im Waschhaus und in Paul Maliks Wohnung finden die Spurensucher genug Beweise. Justus Bolle berichtet KK sogar von dem Klingelschild, das Paul Maliks Betrügereien perfekt tarnen sollte.

Doch immer noch kennt keiner den geheimnisvollen Mister X ...

„Ich glaube, ich weiß, wer dieser Mister X ist", sagt Kugelblitz plötzlich zu seinen

15. Die Spur führt nach Hamburg

Assistenten. „Wir kennen sein Lieblingsgericht und jetzt ist mir auch klar geworden, was es mit dem Puma auf sich hat: Die Anfangsbuchstaben seines vollständigen Namens und seines angeblichen Berufs ergeben das Wort Puma. Es ist nur noch eine Frage der Zeit, bis wir ihn schnappen."

15. Die Spur führt nach Hamburg

Und jetzt die Fragen an alle schlauen Detektive, denen spätestens jetzt ein Licht aufgehen sollte:
- Erkläre die beiden Hinweise, anhand derer Kugelblitz herausfindet, wer Mister X ist.
- Wer ist Mister X?
- Wo befindet er sich gerade?

Inhalt

1. Das Drachenbootrennen 5
2. Im Fitnessstudio *Herkules* 16
3. Die Lottoräuber 26
4. Ein Dieb im Zug 35
5. In der *Tollen Knolle* 40
6. Schmutzige Geschäfte 52
7. Die Entführung 58
8. Das Fußballspiel 64
9. Wo steckt Clayman? 73
10. Das alte Bootshaus 80
11. Wichtige Ermittlungen 89
12. Joppe, der Informant 95
13. Audienz im *Nirwana* 104
14. Ein alter Detektivtrick 112
15. Die Spur führt nach Hamburg 118